未来建筑师
工具箱

未来 建筑师手册

- The Future Architect's Handbook -

〔美〕芭芭拉·贝克 著绘　秋千童书 译

图书在版编目（CIP）数据

未来建筑师手册／（美）芭芭拉·贝克著绘；秋千
童书译．-- 北京 ：中国妇女出版社，2020.9
（未来建筑师工具箱）
书名原文：The Future Architect's Handbook
ISBN 978-7-5127-1888-3

Ⅰ．①未… Ⅱ．①芭… ②秋… Ⅲ．①建筑工程-少
儿读物 Ⅳ．①TU-49

中国版本图书馆CIP数据核字(2020)第151458号

著作权合同登记号　图字：01-2020-4108

未来建筑师工具箱——未来建筑师手册

作　　者：	〔美〕 芭芭拉·贝克 著绘 秋千童书 译
责任编辑：	应 莹 张 于
封面设计：	秋千童书设计中心
责任印制：	王卫东
出版发行：	中国妇女出版社
地　　址：	北京市东城区史家胡同甲24号　　邮政编码：100010
电　　话：	（010）65133160（发行部）　65133161（邮购）
网　　址：	www.womenbooks.cn
法律顾问：	北京市道可特律师事务所
经　　销：	各地新华书店
印　　刷：	北京启航东方印刷有限公司
开　　本：	253×222　1/12
印　　张：	9
字　　数：	50千字
版　　次：	2020年9月第1版
印　　次：	2020年9月第1次
书　　号：	ISBN 978-7-5127-1888-3
定　　价：	159.00元（全二册）

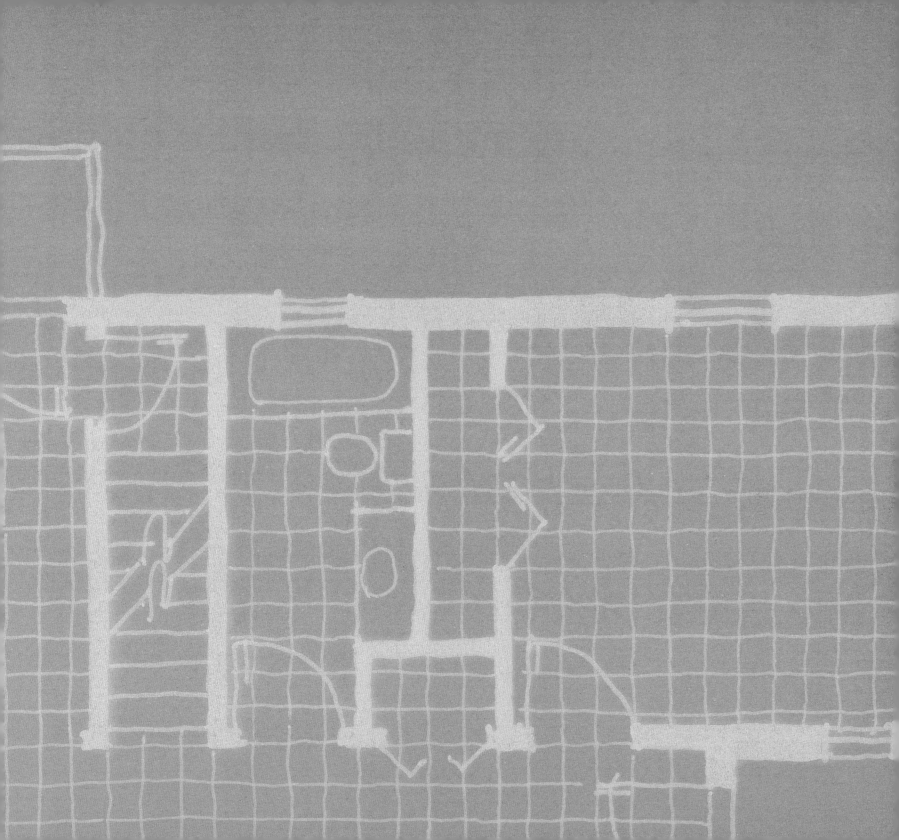

致　谢

感谢我的丈夫理查德·康普顿，感谢他的支持；

感谢珍妮特·阿尔朱奈迪，感谢她一遍又一遍地审读书稿；

感谢我的朋友建筑师琼·约翰逊·罗斯，感谢她从建筑学角度为本书
提出诸多宝贵建议；

感谢盖尔·约翰逊，感谢她为本书提供的重要文字支持；

感谢露西尔·鲍尔，感谢她督促我不要放弃；

最后感谢我的爸爸妈妈，感谢他们鼓励我追求自己的梦想。

目 录

第一章

认识建筑学和建筑师

房子是我们工作、娱乐以及学习的地方。

房子为我们遮阳保暖、遮风挡雨。

房子还能让我们住在里面。

建筑学是建筑的艺术与科学。其中，建筑艺术指的是使房屋内外具有吸引力，叫人赏心悦目的实用艺术；而建筑科学研究的是房子究竟是怎么搭建起来的科学。

"architect"（建筑师）这个词来源于希腊语"architektón"，它是由"arkhos"（第一）和"tektón"（工匠）两个词根组成的，但是建筑师并不是建房子的人。建筑师是负责设计整个建筑的人。

建筑师跟服装设计师有点儿像。服装设计师要对一件衣服有自己的想法，它应该是什么样的，要用什么颜色和面料，怎样才能让它更合身。服装设计师画出设计图，再由裁缝来按照图样缝制衣服。同样地，一座建筑是什么样子的，它有什么用途，怎样使它和周围的环境相互协调，这些都是建筑师要考虑的。建筑师负责设计图纸，即建造房屋所参照的图样。

在这本书里，我们将学习认识一座房子的建筑图纸。这座特别的房子的主人叫亚伦。当你看到这些图纸时，可能会注意到图纸上有些线条不够直，有些字是潦草的。但图纸和我们人一样，都不是完美的，它们也有自己的个性。一张图纸只要能够表达出想法，就有存在的价值。所以永远不要害怕自己画不好。

亚伦是一名建筑师。他小时候喜欢画画，尤其是画房子。除此之外，他还喜欢阅读关于城堡的书籍，或者用卧室的家具搭建摩天大楼。你有没有相似的爱好呢？

亚伦的姐姐玛吉也是一名建筑师，她小时候用家具搭建的不是摩天大楼，而是城堡。看到亚伦搭建的摩天大楼时，她说："亚伦，你应该当建筑师，就像我一样。"

在大学里，亚伦学习了艺术、数学以及工程等课程。毕业后，他工作了几年。在工作中，他学到了很多和建筑相关的知识，包括建筑安全、建筑规范、土地区划管理、施工方法、机械系统和电气系统，他甚至还知道建造房子的成本。最终，他顺利通过了建筑师资格考试。现在，亚伦和姐姐一样，也是一名建筑师。

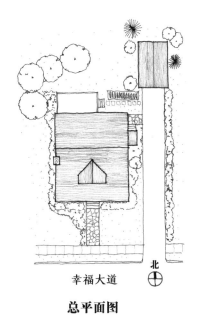

总平面图

幸福大道 北⊕

建筑平面图

露天平台

餐厅

厨房

客厅

卫生间

卧室

门廊

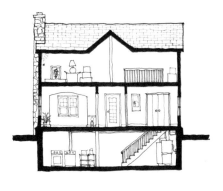

剖面图

立面图

这些是亚伦家房子的图纸。和其他所有建筑图纸一样，包括**总平面图、建筑平面图、剖面图和立面图。**

房子对人们非常重要，让我们仔细看看这些图纸，了解一下亚伦是怎么设计出房子的吧。不过，我们首先得了解一下房子是由哪些部分构成的。

第二章

房子的组成部分

　　每座房子都是不同的，但在很多方面，它们是有相同之处的，它们都是由这些部分组成的：墙壁、门、窗户、屋顶、楼板以及结构等。

　　走近一座房子，你看到的第一样东西可能就是外面的墙壁。外墙就好比人的皮肤，它们围住并保护房子内部。很多材料都可以用来筑墙，比如石头、砖块、混凝土、木头甚至玻璃等。

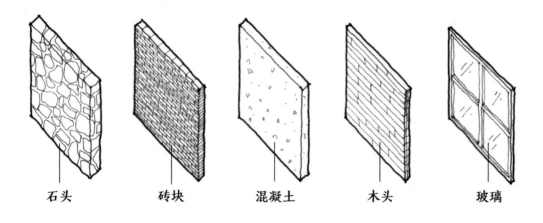

| 石头 | 砖块 | 混凝土 | 木头 | 玻璃 |

　　阳光可以让我们的皮肤感到温暖，同样，它也可以让墙壁的温度升高。想象一下，一座坐落在沙漠里的房子，厚厚的墙壁可以阻挡太阳的强光和热量传到房子里。而在寒冷的天气里，我们希望我们的房子能够保暖。厚厚的墙壁就像冬天穿的羽绒服，可以减少热量的流失。

你住在什么样的地方呢？你们那里是保暖更重要，还是散热更重要？那里的天气通常是比较湿润，还是干燥？这些问题的答案会决定人们穿什么，也会决定人们建什么样的房子。

走近房子时，门和窗可能是你看到的第二样东西。门窗是建筑物"皮肤"上的开口，就像你的眼睛、鼻子和嘴巴。它们可以让房子看起来更漂亮、更有个性，还能让人们从室外进入室内，从一个房间进入另一个房间，让光线和空气进入室内。

大大的窗户会让人感觉很开阔，仿佛置身于室外，而小小的窗户则让人感到封闭和憋闷。窗户的形状还能给人带来异域风情和穿越时空的感觉。

房子第三个组成部分是它的屋顶。好比帽子可以保护我们的头部，屋顶可以保护建筑物的内部免受风吹日晒和雨雪侵袭。我们有各种各样的帽子，建筑物也有各种各样的屋顶。屋顶的样子取决于很多因素，比如气候、周围的建筑物、传统、期待的视觉效果等。

你小时候画过这样的房子吗？

如果画过，你所画的屋顶叫双坡式屋顶，这是世界上的大多数地区最常见的屋顶。

单坡式屋顶是最简单的一种屋顶。而两个单坡式屋顶靠在一起，就可以形成一个双坡式屋顶。

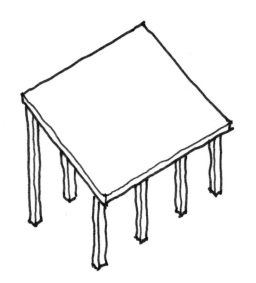

著名建筑师弗兰克·劳埃德·赖特在设计草原式住宅时，用到了这样的屋顶，它叫四坡式屋顶。

而谷仓的屋顶通常是复折式屋顶。

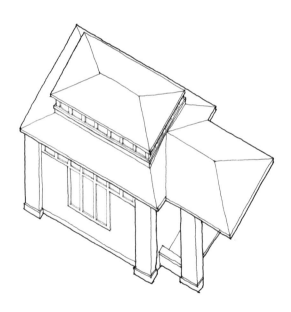

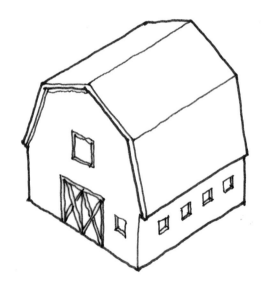

房子的第四个组成部分是楼板，也就是我们站立和行走的水平地面。楼板可以建在地面上、墙壁顶部或者架在墙壁之间。楼板具有固定墙壁的重要作用。

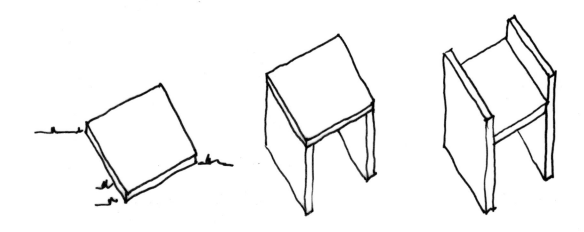

房子的第五个组成部分是结构，它就好比人的骨架。我们的骨架不仅能够支撑身体站立，还可以塑造独特的形体。无论是埃菲尔铁塔还是帕提侬神庙，所有房子的结构都具有相同的功能。

　　房子的结构可以撑起房子，使它不会因为太重而倒塌，也不会因为强风和地震而受损。

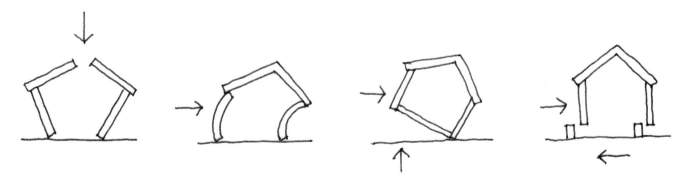

　　房子的结构也可以由许多材料建造，比如木头、砖块、石头、钢筋或混凝土等。

　　以上所说的各个部分共同搭建出了亚伦家的房子。

第三章

像鸟儿一样看房子——总平面图

在设计房子之前，亚伦需要先为房子选一块地。有人可能要花费好几个月才能找到完美的地点，但是亚伦非常幸运。他的姐姐玛吉居住的社区的邻里关系非常好，而那里正好有一块空地。图中左下角的那栋房子就是亚伦的，他的宠物狗阿尔特弥斯正在前院玩耍。

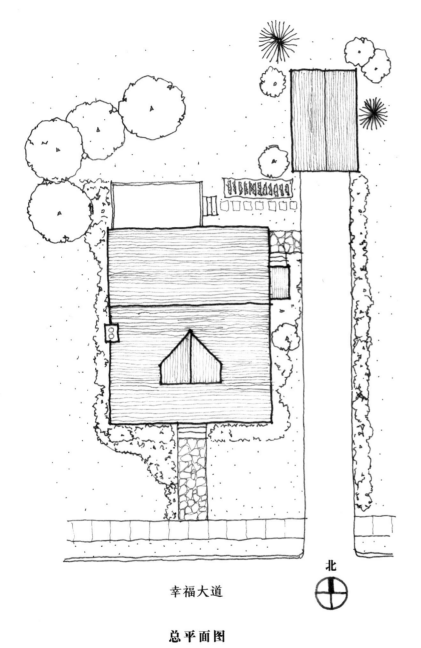

北

幸福大道

总平面图

建筑场地指的是建筑物所在的地方。亚伦家的建筑场地包括他家的前院、后院以及他家所占的其他土地。

总平面图呈现的是从高处往下看的景象。如果你是一只小鸟，你从空中看到的就是房子的总平面图。

左图就是亚伦家的总平面图。注意这张图与上一页那张图之间的区别。这张图显示了亚伦家所有房屋和院落的具体位置。正因如此，所有的东西看上去都是平的。我们可以看见房子的屋顶，但是却看不到墙壁。我们也可以看到车库的屋顶、汽车道、石砌人行道以及露天平台和菜园。我们还可以看到城市街道、供水供电系统等公共设施。

亚伦家的前门朝向街道，这条街的名字叫幸福大道。你家的前门也朝向街道吗？当然，这不是必需的。在世界上很多地方，如果街道位于房子的北面，并且房门朝着街道，在冬天打开房门时，冷风就会吹进屋里。为了避免这种情况的发生，房门当然还是换个朝向为好。

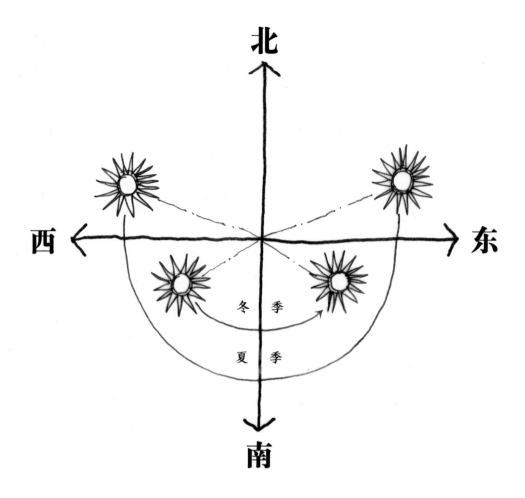

在北半球，一年里太阳在天空中是这样移动的。想象一下，这将会对我们的房子产生什么影响？

通常情况下，早上，阳光会照到朝向东边的房间；而下午，阳光则会照到朝向西边的房间。

如果你的卧室朝向东边，每天早晨，你都会被晨光唤醒；而到了傍晚，你的房间就会变得比较黑暗。如果你的厨房朝向东边，早上那里会非常明亮，你会带着愉快的心情吃早餐。所以你看，房间窗户面对的方向会影响我们的生活方式，还能左右我们的心情。

建筑物正门或窗户面对的方向叫朝向。总平面图上有一个指向正北的标志，它就可以告诉我们房子的朝向。一般来说，人们将图纸的正上方定为正北方，比如亚伦家的总平面图。下面是一些常见的指北标志的画法。

　　总平面图常常会有植物的标志。这可以帮助建筑师决定哪些树木要保留，或者是否需要加上新的树木来遮阴、保护隐私或挡风。在总平面图上，树木看起来是下面这样。

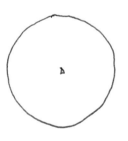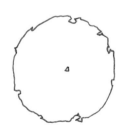

亚伦家院子里的树的枝叶非常茂盛，这是因为他生活在美国的中西部地区，那里的夏天很炎热，而树荫能让他的房子凉快些。在寒冷的冬天，树叶凋零，温暖的阳光就会照进屋里。这些树能遮挡寒冷的北风，也能降低飞机的噪声，而且是鸟儿安家落户的好地方。

　　总平面图也能帮助建筑师判断岩石、悬崖、河流和湖泊等的位置，建房子的时候得远离它们。

　　你家里有院子吗？它和亚伦的院子相同吗？大树会带给你什么样的感觉？想象一下，如果院子里鲜花盛开，弥漫着阵阵花香，将带给你多么美好的一天。你喜欢听鸟儿唱歌吗？当你望向窗外，你希望看到什么？是山景、公园，还是邻居家的庭院？

　　这些问题的答案将决定房子的选址以及朝向，还会影响我们的生活方式。

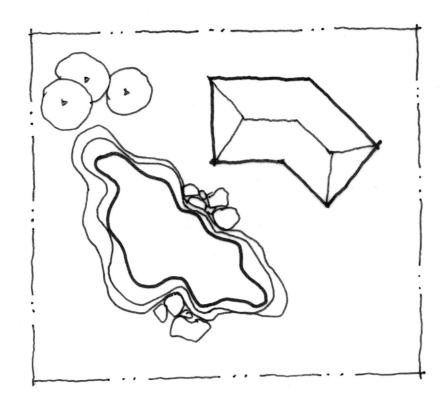

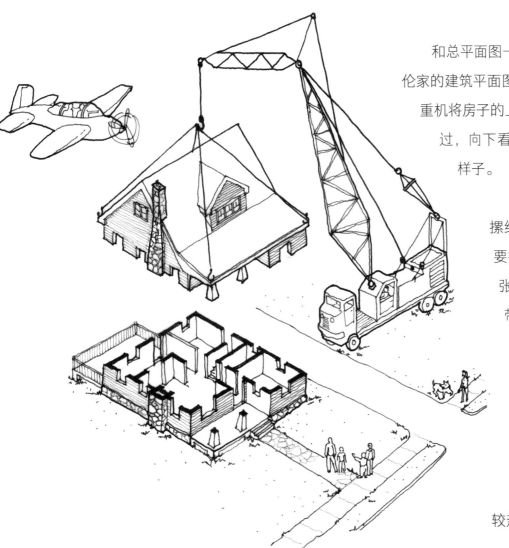

和总平面图一样，**建筑平面图**也是俯视图。第17页的图是亚伦家的建筑平面图。如果我们把楼板上面的墙壁横着切开，用起重机将房子的上半部分吊起来移走，然后坐飞机从房子上方飞过，向下看去，那么看到的亚伦的房子就是建筑平面图的样子。

或许这样想更容易理解：建筑平面图就好比一摞纸的其中一张。如果你想看最底下的一张，你需要把它上面所有的纸都拿走。如果你想看中间的一张，你只需拿走上面那半摞纸。以此类推，一个带有地下室的房子，地下室平面图相当于最底下的那张纸，首层平面图相当于中间的那张纸，而阁楼平面图则相当于最上面的那张纸。

在建筑物中，有的房间需要相邻，而有的可以离得远点儿。建筑平面图可以告诉我们各个房间的用处，以及它们是怎样配合着发挥作用的。我们可以看看哪些房间会比较热闹，并把它们与需要安静的房间隔开。

如果你的卧室和厨房挨着，早上会是什么样的？你或许会闻到培根的香味，或许会听到厨具发出叮叮当当的声音。如果你的卧室和客厅挨着，那又会是什么样的？你的感觉又会有哪些不同呢？

在继续了解亚伦的房子之前，我们需要知道如何看懂建筑平面图。房子里的每样东西都用特定的通用符号标出来了，比如，墙壁的符号是又黑又粗的线条，而窗户则用在墙壁中嵌入细线条表示，甚至连家具都有特定的符号。下面展示了平面图中常见的符号。

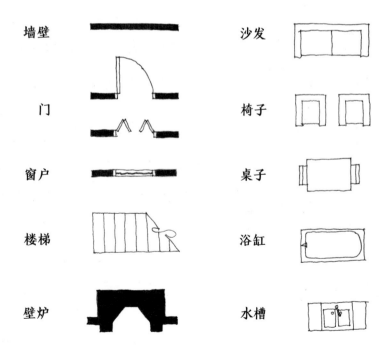

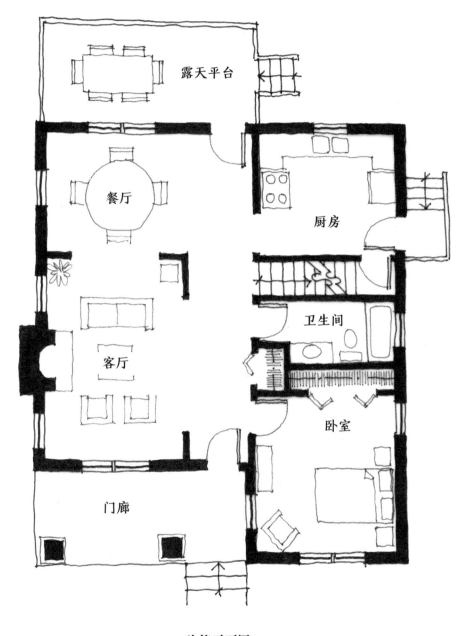

建筑平面图

这是亚伦家房子的建筑平面图。让我们从前门开始，一个房间一个房间地看一下。

亚伦家的门廊面向街道。天气好的时候，亚伦会坐在屋外和邻居聊天。在雨雪天，他家的门廊可以保护前门免受雨雪侵蚀，还可以为回家的人和来访的朋友遮风挡雨。

一进前门就是一个带衣柜的门厅，门旁摆放一张桌子，可以放钥匙和信件。

客厅是亚伦接待朋友的地方，他还会在这里看电视、用电脑工作或者看书。你家的客厅也有这么多用途吗？

想象一下，冬天坐在亚伦家的客厅，炉火在壁炉里燃烧着，而窗外到处是积雪。这将是什么样的感觉呢？

亚伦家的客厅与餐厅连在一起。如果有朋友过来用餐或看电影，将非常方便。餐厅的外面还有一个露天平台，天气好的时候，亚伦就在那里吃饭。餐厅离厨房也很近，这样吃饭的时候，可以快速地把热乎的饭菜端上桌。吃完饭后，房子里也不会到处都是面包屑和餐具。

厨房里有一个操作台。台面上方和下方的橱柜可以储存锅碗瓢盆等厨具。做饭和清洗的时候，会用到水、电和煤气。亚伦想要一个靠近菜园和车库的侧门，以及一扇通往地下室楼梯的门。所有这些要求使他的厨房设计变得复杂。

亚伦家只有一个卫生间。而为了方便，有的房子每层楼都有一个卫生间。卫生间里面的地面和墙壁通常都会贴上瓷砖，防止水溅得到处都是，损坏墙壁、电线等东西。

大多数人的家里都有不止一个卧室。但由于亚伦是一个人住，所以一间卧室就足够了。如果有朋友来过夜，他们可以在客厅的沙发上睡。卧室通常与娱乐区分开，这样客人就看不到穿着睡衣的主人和凌乱的床了。

走廊和楼梯是连接两个不同地方的通道，跟街道的作用一样。楼梯是倾斜的走廊，连接着不同的楼层。亚伦家的楼梯往下通向地下室，往上通向阁楼。在建筑平面图中，楼梯看上去就像平躺在地面上的梯子。这可以帮助你快速记住如何画楼梯——楼梯就是我们爬楼用的"梯子"。

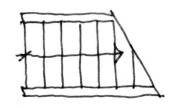 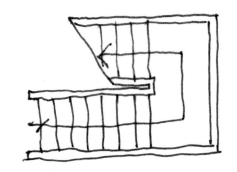 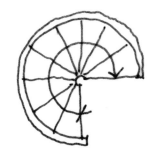

现在我们已经参观了亚伦家的房子。你会改变他家的设计吗？环顾你自己的家，你是住在大房子还是小房子里？你有自己的房间吗？还是和你的兄弟姐妹住在一起？你最喜欢你家的哪个地方？它有什么特别之处？一个昏暗的房间或者一个有很多窗户的明亮房间，给你的感觉是一样的吗？

这些都是很重要的问题，建筑师在设计你家的房子之前，可能也问过同样的问题。

第五章

神奇的比例尺

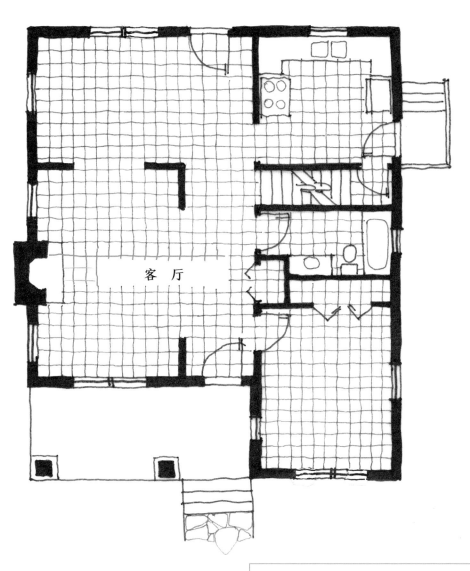

客　厅

在我们深入了解亚伦房子的细节之前，我们得先学一个词：**比例尺**。比例尺是用来帮助画图的，它指的是图上距离与实际距离的比值。

油画或素描都是对实物的呈现，这个实物可能比画面上的更大，也可能更小。比如，我们可以在一张纸上画出一朵与真花一样大的花，却画不出一个真实尺寸的房子。

建筑施工队需要知道房子的准确尺寸，才能正确地进行建造。但是如果画一张和房子一样大小的图纸，这未免太难了，因此建筑师就把这张大图缩小了，这样就可以把建筑物呈现在一张正常大小的纸上。而这是通过比例尺来实现的。

在美国，测量物体的长度单位是英寸（1英寸约为2.5厘米）和英尺（1英尺约为30.5厘米）。建筑图纸上1英寸长的线条，可以根据需要表示数英尺的长度。

比方说，如果要在一张规格为"8.5英寸×11英寸"的纸上，画一堵10英尺长的墙壁。画图时，我们可以把每英尺的实际长度画成1英寸。这样，10英尺的墙壁就变成了10英寸，而10英寸的长度就可以呈现在这张纸上了。

换一种方法来解释。想象一下，你拉着卷尺测量你家客厅的墙壁，每量一英尺，就在地板上做个记号。四面墙壁都做好标记后，你把每个记号分别和与它相对的记号连起来，最后，整个房间就好像坐落在一张巨大的坐标纸或者网格纸中。如果我们在亚伦家的地板上画一个网格，他家的建筑平面图看起来就是这样的。

亚伦家的网格纸，每个方格的边长代表1英尺。如果一个方向有12个小格，另一个方向有17个小格。那么，这间房间的尺寸是12英尺×17英尺。让我们看看亚伦家客厅的另一张图（见下图）。

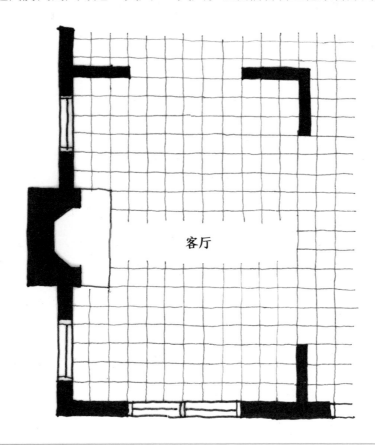

客厅

数一数图中方格的数量。横向有12个格，纵向有17个格。这和第19页的那张图纸中客厅里格子的数量是一样的。两张图纸上的每个格子的边长都代表实际长度1英尺，但是因为第二张图纸更大一些，它的比例尺也更大，所以大的客厅图纸比小的看上去更清晰。

如果看一眼你生活的城市或者国家的地图，你会发现地图上显示的是很大一片地区。比例尺越小，可以表示的地方越大，这似乎有些令人困惑。另一方面，大比例尺也会被用来放大小的区域和细节，让我们更容易看清楚。

图纸总是会标明比例尺的。它可能是写在图纸上的，比如1/8英寸=1英尺，1/4英寸=1英尺，等等；它也可能是画在图纸上的，如下图所示。

几乎所有的建筑图纸都是按比例绘制的。事实上，人们为此设计了一个专门的工具。你能猜出它叫什么名字吗？也叫比例尺（见下图）！

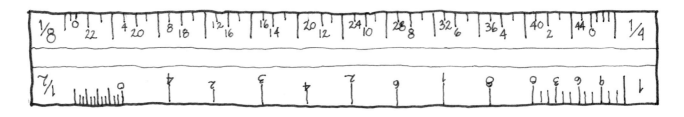

平面图画的是从上往下看到的样子，就好比房子的墙壁沿着平行于地板的方向被切掉一样。而**剖面图**展示的是房子被垂直切开后，从切开这一面看过去的样子。

你们见过玩具屋吗？玩具屋的正面可以打开，让你可以同时看清楚每层楼的每个房间。那就是剖面图要展示的样子。

亚伦家的建筑平面图，粗实线表示被切开的墙壁。而在剖面图中，粗实线则表示楼板、墙壁、屋顶甚至外面的空地。

剖面图既是一个美学工具，也是一个建筑辅助工具。它可以帮助建筑师（或称其为艺术家，因为建筑师都是艺术家）看清空间的连通、门窗的布置，以及它们的比例。作为一种建筑辅助工具，剖面图可以帮助建筑师以及建筑工人弄明白整栋建筑的各部分是怎样结合在一起的。

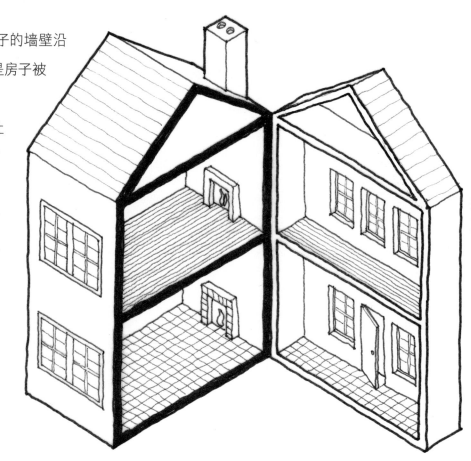

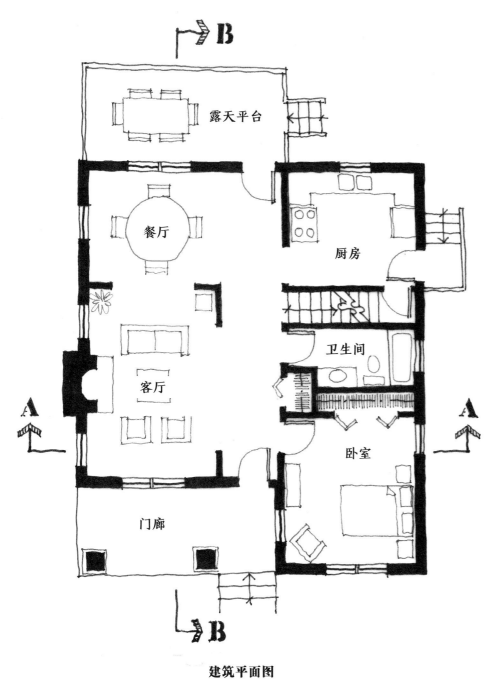

露天平台

餐厅

厨房

客厅

卫生间

卧室

门廊

建筑平面图

再来看一下亚伦家的建筑平面图。标记为A和B的线条表示我们垂直切开该房子的位置。当然了，这些线条就叫剖切线。线段末端的箭头指向哪边，剖面图上画的就是哪个方向上房内的样子。

剖面图A是竖着将房子切开，从前往后望去的模样。我们可以看到客厅、门厅、亚伦的卧室。各个楼层一览无余。亚伦家的阁楼堆了不少物品，地下室有锅炉，还有热水器。

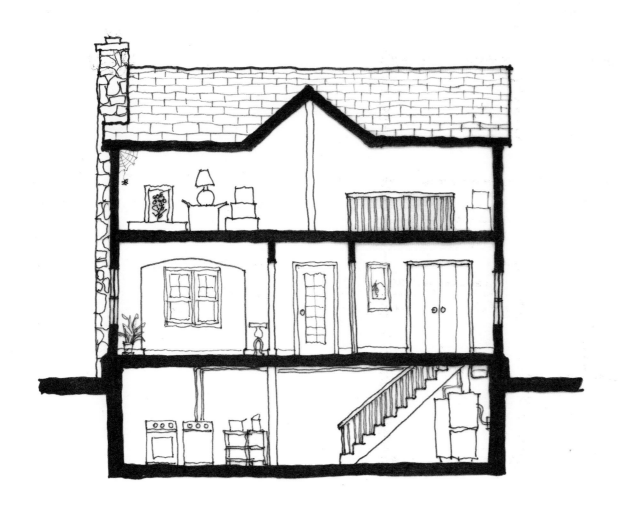

剖面图A

下面再来看一下剖面图B。

这是沿着从屋前到屋后的连线切割后呈现的剖面。我们可以看到门廊、客厅、餐厅以及露天平台。切割的位置不同，看到的剖面可能完全不同。其中一个区别就是楼梯。剖面图A，从侧面呈现楼梯，这样我们可以看清楚楼梯的陡峭程度。（"这个楼梯的倾斜度正合适！"）剖面图B，从正面呈现楼梯。它们看上去很像建筑平面图上面的楼梯。每个剖面图都从不同角度告诉我们这个房子是怎样组合起来的。

现在我们已经知道了亚伦家房子内部的样子，再来看看它的外观吧。

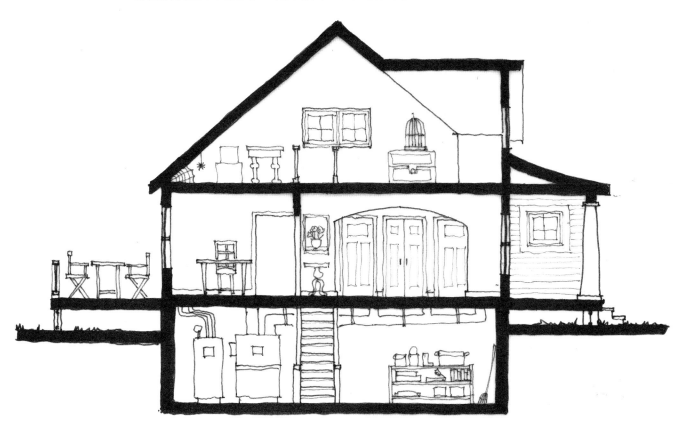

剖面图B

第七章

房子的"脸面"——立面图

亚伦画完他家的平面图以及剖面图之后，要开始房子外观的设计了。为此，他用到了**立面图**。

立面图有时也叫facade（法语，意为"建筑物正面"）。facade听起来就像是英文单词"face"（脸）。听到"face"，你大概也就知道什么叫立面图了。立面图，如同肖像素描，画的是房子的"脸"。

想象一下，你正身处一个西部电影的片场。这里街道两侧房屋林立。从前面看，这些房子栩栩如生。但走到后面，你会发现它们其实只是用脚手架支起来的一面墙。

和其他建筑图纸一样，立面图就是把建筑的"脸"画在一张纸上。这可以帮助建筑师看清楚门窗的具体位置，然后作出相关判断。比如，窗口是否需要更高一点儿，窗户的形状是否需要更改，窗户是否需要离门远一点儿，等等。这可以帮助建筑师把握整体比例以及平衡感。这就是立面图是建房子的好帮手的原因。

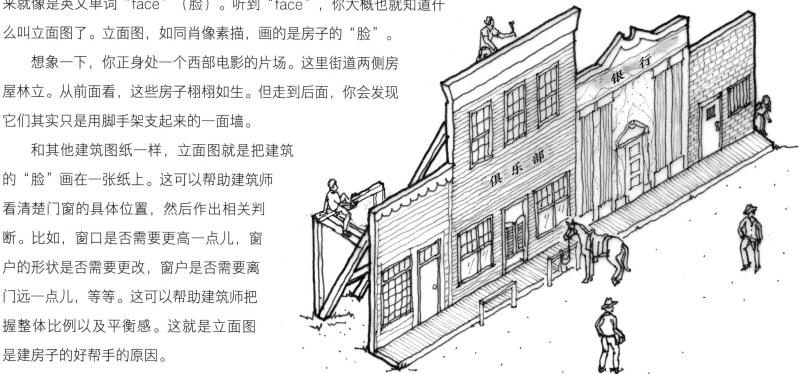

还有一个原因能说明立面图为什么如此重要。因为每位建筑师都受过艺术训练，而立面图可以帮助建筑师设计出视觉效果最理想的作品。建筑师会考虑各元素之间的平衡、比例以及节奏。

在你见过的建筑中，有的可能令你觉得很漂亮，而有的则不那么讨你喜欢。亚伦也一样，他尝试了好几种不同风格的建筑，希望找出一个最喜欢的。

起初，亚伦想尝试古典风格的房子，例如古希腊和古罗马的建筑风格。

然后他又想到国际主义风格的房子：屋顶平平的，四周墙壁都是玻璃。

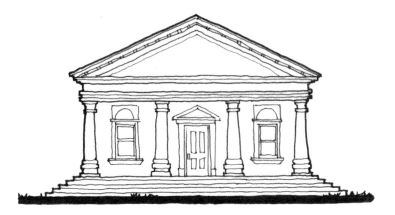

亚伦觉得维多利亚风格的建筑太繁复了……

……所以他又尝试了一种草原式住宅。

亚伦又觉得住在哥特式城堡，假装生活在中世纪，这样可能很有意思。但是在这个街区建个城堡好像不太合适。

他还钟爱西班牙著名建筑师安东尼·高迪的建筑风格，但是这种风格好像也不太合适。

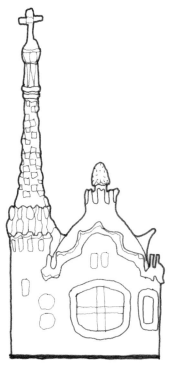
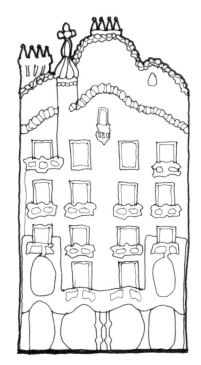

最后，亚伦还是决定设计一座乡间小屋。"乡间小屋"这个词听上去就很舒服，会让亚伦想起寒冷冬日里温暖的炉火。

大多数房子都有四张立面图——正面、背面以及两侧。每张图的名字分别以它们的朝向命名——北立面图、南立面图、东立面图和西立面图。亚伦家的正立面图也是南立面图。

下面这些就是亚伦家的立面图。他家的屋顶是双坡式屋顶。记住，双坡式屋顶就是两个单坡式屋顶靠在一起，就像帐篷一样。从前面看，它是一个长方形；但是从侧面看，它就是三角形。

北立面图

老虎窗

南立面图

东立面图

门窗给亚伦家的房子添了几分特色。门廊前面大大的窗户给人一种热情好客的感觉。木质前门看上去既结实又安全。阳光可以透过屋顶的老虎窗照进阁楼。老虎窗的设计也让屋顶看上去没那么严肃。

立面图也应显示建筑的具体材料。比如亚伦家的房子外墙是木质的，有石砌的壁炉，而屋顶的材料则是木瓦。

西立面图

关于建筑，我们要牢记一个事实，即房子不会飘在空中，虽然那将别有一番风味。房子都是坐落在地面上的。图纸上的地面都用加粗的黑色实线表示，支撑着房屋，并让它与大地相连。

现在，我们看完了亚伦家房子的所有建筑图纸。下面我们来回忆一下它们都是怎么来的。

首先，亚伦找到了一块空地。他研究了太阳照射角度问题和风向问题。此外，他还考察了这里的景色、植被以及周边的人流量问题。结合以上各种因素，他设计出了一张**总平面图**。这是一张关于他的房子包括其他待设计区域的俯视图。

接下来，亚伦设计了**建筑平面图**。建筑平面图也是俯视图。他不断调整各个房间的位置，直到找到最符合自己生活方式的设计。然后亚伦设计了**剖面图**，是将房子纵向切割后看到的房间内的景象。它能展示房子内部一切物品的安排情况，确保一切排布合理。

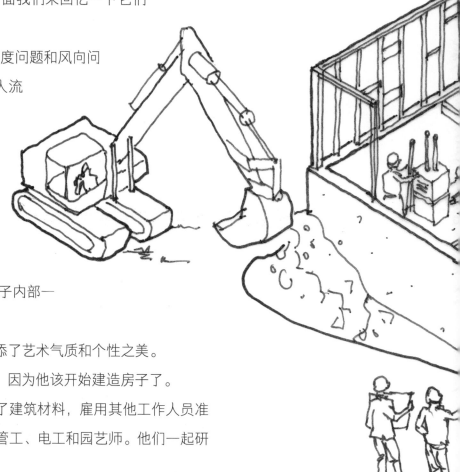

最后，亚伦又设计了**立面图**，为他家房子的外观增添了艺术气质和个性之美。

亚伦完成了所有的图纸，但是他的工作并没有结束。因为他该开始建造房子了。

亚伦给一名建筑工人看了他的图纸。这名工人买来了建筑材料，雇用其他工作人员准备建房。他请来了木工、泥瓦工、屋顶工、油漆工、水管工、电工和园艺师。他们一起研究亚伦的图纸，合理分工，准备工作。

建筑施工队在亚伦家院子里挖了一个大大的坑，用来建造地下室。在地下室墙壁的上方，他们搭建了木质框架，与地板相连。他们根据框架来钉好夹板，围出房子的位置，在夹板上挖出了门窗的位置。最后，他们为房子加上一个屋顶。结束房子外部的工程，施工队开始建造房子内部。他们砌墙，吊天花板，铺好地板，刷上油漆，安装了水管、暖气和电灯。亚伦的房子终于建好，可以入住了。

现在，你已经学到了一些关于建筑的艺术与科学。房子看上去是艺术品，但是人们要在里面工作、生活和娱乐，所以它们不仅要看上去很漂亮，还要有保护我们的功能。而建筑图纸展现了房子的外观、功能以及稳定性。

成为一名建筑师需要多年的正规训练。很多建筑师，比如亚伦，从年轻的时候就开始行动了，他们绘图，他们构思，他们建造。

现在你可以参考亚伦的图纸，做些修改，设计出属于自己的独一无二的房子。这些图纸将成为你设计梦想家园的基础。

记住，优秀的建筑设计不仅仅适用于一栋房子，也适用于一个街区、一座城市，甚至是一个国家。现在就开始你们的创作吧！